甜蜜又芬芳

蜜蜂的世界你懂吗？

（下）

咚咚 著

律玉辉 绘画

中国农业出版社

北京

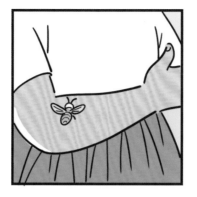

目录

（下）

造蜜车间

仓库

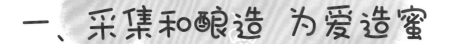

一、采集和酿造　为爱造蜜

甜蜜的旅行

终于找到啦!

工蜂好像一台用来寻找并运输花粉、花蜜的精密仪器。

她们负责为家族寻找甜美的花蜜制作蜂蜜，采集花粉喂养幼虫，每钻进一朵花只能采集到一点点花蜜，一天要采集上千朵花。

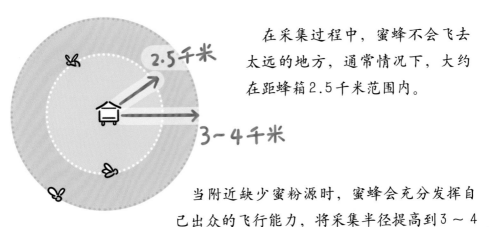

2.5千米

3~4千米

在采集过程中，蜜蜂不会飞去太远的地方，通常情况下，大约在距蜂箱2.5千米范围内。

当附近缺少蜜粉源时，蜜蜂会充分发挥自己出众的飞行能力，将采集半径提高到3~4千米以上，飞行的高度可达1000米左右。

神奇的蜜囊

蜜囊

蜜蜂体内有一个贮存花蜜等液体物质的嗉囊叫蜜囊。

工蜂将采集的花蜜或水贮存在蜜囊里。

待返回蜂巢后，通过蜜囊的收缩，再将蜜汁或水返回口腔，吐出到巢房里。

奇奇怪怪的想法
——蜜蜂采蜜时会偷吃吗？

蜜蜂在花丛里吸食花蜜并不是真的把蜜吃掉了，她们把花蜜临时储存在蜜囊里，带回蜂巢用于喂养家里的其他成员。

奇奇怪怪的想法
——甲虫也会采蜜吗？

采蜜是个大工程

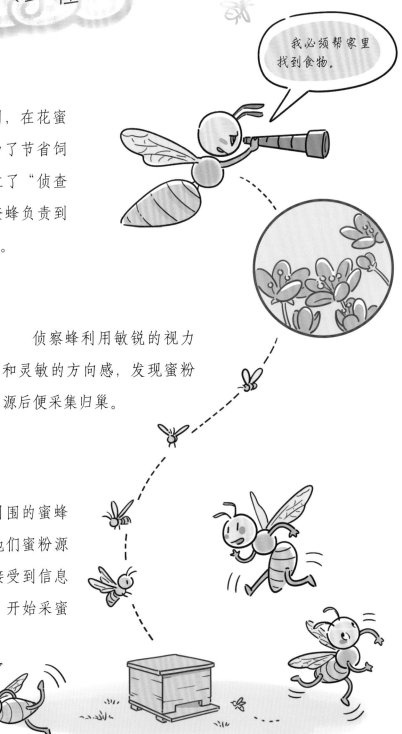

我必须帮家里找到食物。

蜜蜂非常聪明，在花蜜的采集过程中，为了节省饲料和劳动力，设立了"侦查蜂"的岗位，侦查蜂负责到蜂巢周围寻找蜜源。

侦察蜂利用敏锐的视力和灵敏的方向感，发现蜜粉源后便采集归巢。

用舞蹈向其周围的蜜蜂传递信息，告诉她们蜜粉源的方向和距离，接受到信息的蜜蜂就会出动，开始采蜜工作。

在早春流蜜之前，蜜蜂所需的水分就靠采水来供给。

内勤蜂用水稀释成熟蜂蜜，调制食料喂养幼虫。

在炎热的夏季，尤其是当气温超过38℃时，蜜蜂要找到水源并带水回巢来降低巢温。

采来的水被置于巢内各处，蜜蜂拼命扇动翅膀，蒸发水分为蜂巢降温。

蜂冷系统

它们每次只能运回一滴水，但是在一天之中，整个蜂群可以搬回多达两三升的水。

我是一个食品加工厂

工蜂采集花蜜回巢后，将蜜露吐到巢房里，通过吞吐过程在蜜露中加入自己肠胃中特殊的转化酶。

这时的蜜容易被霉菌感染，所以还要经过脱水后才能储存，工蜂会长时间扇动翅膀使蜂蜜加速脱水。

最后，用蜂蜡封住巢房，就像密封果酱瓶一样。

奇奇怪怪的想法
——蜂蜜里有蜜蜂的口水？

花蜜不等于蜂蜜。

花蜜被工蜂采集后，先暂存在体内的蜜囊里，回巢后，嘴对嘴传递给内勤蜂，花蜜要被内勤蜂在巢房和自己的蜜囊之间反复吞吐，经过复杂的酿造过程才变成人类可以食用的蜂蜜。

你们吃的蜂蜜，已经被我和姐妹们吃过上百遍了。

长身体需要蛋白质，花粉做的蜂粮面包最有营养。

花粉是蛋白质的主要来源，幼虫和幼蜂都需要食用花粉，因此当蜂群中有大量幼虫时，蜜蜂对花粉的需求增大，会有更多的青壮年工蜂参与采粉。

花粉的采集是一场全身运动，当蜜蜂发现粉源后，会落在花上，用六只足在雄蕊上刷集花粉，并用喙将花粉润湿舔粘。

采粉蜂经常在飞行中集中花粉，用前足刷集头部的花粉，然后传给中足，同时中足刷集胸部和腹部的花粉，传给后足的花粉栉。

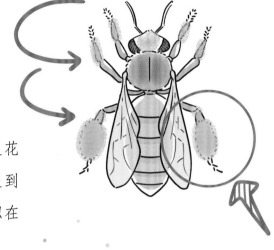

蜜蜂将左右两后足花粉栉上的花粉，交互送到相对的花粉耙上，堆积在花粉筐的基部。

最后通过耳状突把花粉推入花粉筐并堆积成团状，这样花粉就采集完成了。

　　当蜜蜂携带花粉回巢后，会先找到靠近育虫圈上部或两侧的空巢房或未装满花粉的巢房卸货，然后出巢继续采集。

　　此时，内勤蜂会将头部伸入巢房，将花粉团嚼碎用头部夯实，同时吐蜜湿润。

　　当巢房中的花粉贮存到七成左右时，蜜蜂会再加上一层蜂蜜，最后封上蜡盖。这样贮存的花粉称为"蜂粮"。

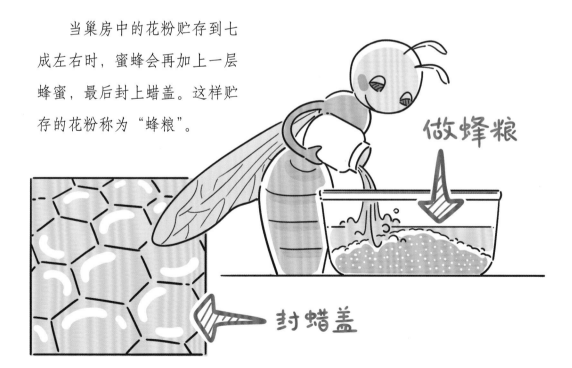

做蜂粮

封蜡盖

是造蜜师更是传粉者

虽然蜜蜂将大部分花粉集中并形成了花粉团，但其体表还是留下了大量的花粉粒，当她们穿行于花丛中时，为植物提供了授粉服务。

相爱的花朵不能相互拥抱，蜜蜂替她们传达柔情蜜意和爱的欢乐，把花粉从一朵情意浓浓的花带到另一朵渴望拥抱的花。

用蜂胶修房子的小木匠

蜂胶是蜜蜂充填裂缝、封锁巢门、粘固巢脾、涂刷箱壁的重要工具。

蜜蜂经常从树芽或松、柏科植物的破伤部位采集树胶或树脂。

把裂缝粘好，不漏风就不会再冷了。

先用上颚咀嚼，同时混入上颚腺的分泌物，经过上颚的揉捏，由前足和中足，转入后足的花粉筐内，归巢后找到需要蜂胶的地方，由其他工蜂取下使用。

蜂群中只有少数工蜂从事采胶工作。采胶习性也因蜂种不同而有所差异。西方蜜蜂具有采胶性能，而东方蜜蜂无此特性。

二、蜜蜂是个多面手

侦查蜂在野外找到蜜粉源后会回巢报信，但是她怎么能准确地将花蜜的位置传达给其他蜜蜂呢？蜜蜂不会"说话"，但是可以通过舞蹈和信息素进行沟通。

蜜蜂的舞蹈语言称之为蜂舞，工蜂是精通几何学的好舞者，可以用摇摆舞和姐妹们沟通，帮她们定位，告知她们到花田的距离和飞行方向。

蜂舞的形式比较多，主要包括圆舞、摆尾舞、新月舞、"呼呼"舞、报警舞、清洁舞、按摩舞等。

她们摆动得越快，食物来源就越近；摆动越久飞行路程就越远。

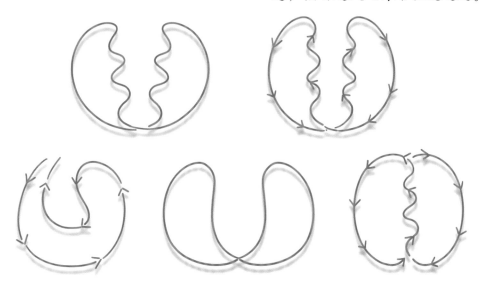

有趣的是，不同地方的蜜蜂舞蹈语言也不尽相同。如果引入的是外国的蜜蜂，那么他们之间是无法听懂对方的"外语"的。

无影无形的信息素

　　信息素是由蜜蜂腺体分泌的极其微量且具有生理活性的化学物质，能通过接触或空气传播作用于其他个体并引起特定的行为或生理反应。

蜂王
蜂王信息素

　　蜂王通过分泌信息物质管理蜂群和工蜂行为，抑制蜂群培育新王等。例如，吸引工蜂在蜂王周围形成侍从圈。

工蜂
工蜂信息素

　　可以"指导"工蜂出巢采集花蜜或守卫蜂巢。

　　例如，蜜蜂可以给企图入侵蜂巢的敌人做标记，便于姐妹们找到攻击对象，这就是报警信息素的作用。

多功能的触角

你的芳香我永生难忘。

奇奇怪怪的想法
——蜜蜂用鼻子闻到花香吗?

蜜蜂的触角上有很多感觉器和嗅觉器,能感触到物体、气流,也能嗅到各种气味。所以,蜜蜂用触角闻到花香,用触角感知世界的形状,触角能引领蜜蜂采集花蜜。

奇奇怪怪的想法
—— 下雨天你还采蜜吗?

蜜蜂触角上有热敏感神经细胞和湿度感受器,身上的绒毛和刚毛也能对大自然的温湿度变化做出判断。

所以蜜蜂是个天然的天气预报员,不会在即将下雨时冒险飞出去采蜜。

今天休息,明天起个早去采蜜。

春天的雨真美呀。

蜜蜂的身体能感知地球的磁场

蜜蜂的身体可以在飞行中对地球磁场做出反应，就像在体内装了罗盘，能判断和调整方位。

所以，蜜蜂能飞越山谷、河流，准确地找到几公里外的一棵树。

三、蜂群里的四季轮转

　　劳累一生、奉献一生的老蜂不断被新蜂所取代，这种交替似乎是一个悲伤的故事，却是任谁也无法阻挡的自然规律，只有这样蜂群才能不断延续。

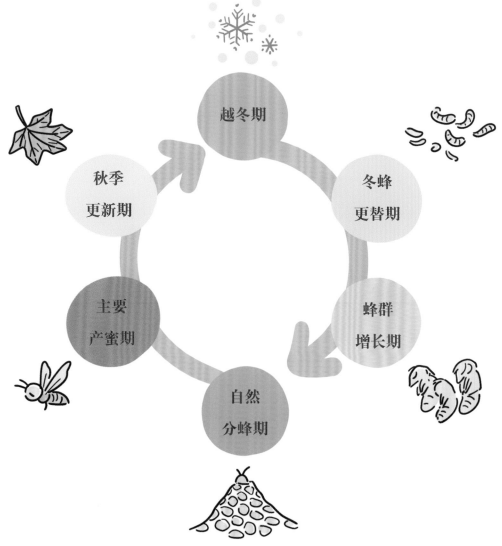

　　我们人为地将蜂群一年内的变化分为六个周期，
各周期的交替没有明显的界限和固定的时间。

越冬蜂更替期

蜂群从早春新蜂出房开始，到越冬蜂被新蜂全部代替的过程，称为越冬蜂的更替时期。

特点

群内个体数不增加或略有减少；

新蜂代替了越冬蜂，个体平均寿命延长，蜂群质量发生了根本变化；

蜜蜂个体哺育能力提高，巢内虫蛹量增加，为群势的增长打下了基础。

有这么多宝宝咱很快就能变成大家庭啦！

迅速生长期是指从越冬蜂被替代之后开始，到蜂群的重量达到2千克为止。

特点　蜂群的增长速度与蜂群的重量成正比，群内各龄蜂齐全，分工明确，工作协调，所有个体都积极参加巢内外的各项活动。

这一时期蜂群的生长受诸多因素的影响，包括原来的群势、天气、蜜粉源条件以及饲养管理措施。

强壮蜂群在良好条件下，可在极短时间内达到8筐的群势，蜂群越弱需要的时间越长。

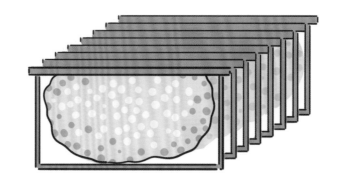

幼蜂积累期

幼蜂积累期是指从蜂群达到2千克重开始，到群势发展至最高峰为止，是积累幼龄蜂的阶段。

在这一阶段，蜂王的绝对产卵量和蜂群哺育幼虫的总量仍不断增加，同时群势也不断增长，但相对速度越来越慢。

当蜂群重量达到4～6千克时，群势停止增长，蜂群进入动态平衡的最盛期。

在正常条件下，到6月中下旬即可过渡到这个阶段。

本阶段蜂群增长速度下降的原因，不是因为蜂王产卵达到了极限，而是因为蜂王为了寻找可产卵的巢房花费了大量的时间。

蜂群发展到强盛时期，在气候适宜、蜜粉源丰富的条件下，原群蜂王与一半以上的工蜂和部分雄蜂飞离原巢，另择新居的群体活动，称为自然分蜂。

分蜂活动可使蜜蜂种群数量增加和分布区域扩大。

在分蜂的准备期间蜂群呈"怠工"状态，会减少采集、造脾和育虫工作，控制蜂王产卵。蜂群的这种"怠工"状态在蜂学术语中称为分蜂热。

24

老女王
离巢

我们去开辟新的天地！

等蜂巢里有了新蜂王，决定离巢的蜜蜂会饱餐一顿蜂蜜。

吃饱喝足再出发。

然后才随着老蜂王一起浩浩荡荡飞出旧巢。

她们将跟随蜂王，在自我流放后寻找新家，一起创造新家园。

秋季更新期

由于采集活动过于劳累，很多采集蜂相继死亡，由幼蜂逐渐代替，这一过程，称为秋季更新期。

> 姐姐们辛劳一夏天，安息吧。

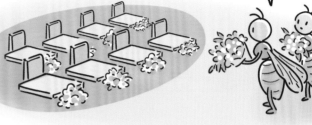

蜜蜂开始为过冬做准备

她们会更加积极地从事采集活动，增加巢内的食物储备，将酿制成熟的蜂蜜集中封盖，以备越冬之需。

> 只有在秋天不断工作，酿出足够一冬天的蜜，才能平安熬过严冬。

蜂群中还有一部分晚秋羽化的幼蜂，由于没参加哺育幼虫和采集活动，她们体质强健，寿命长，是越冬和早春蜂群中的主体成员。

> 你们是家族的希望。
>
> 明年春天的第一桶蜜，要靠你们采回来。

在北方寒冷地区，从10月下旬至翌年3月末4月初为蜜蜂的越冬时间。

这个时期温度较低，蜂王停止产卵，工蜂停止飞行，整个蜂群在巢内聚集在一起结成紧密的蜂团，轮流以背部抵御寒冷，使中心保持温暖。既能维持生命存在，又能减少体质消耗。

越冬期的蜂团有神奇能力，即便气温降至−40℃，蜂群内仍能维持生存温度。

他们吃着早已储备好的蜂蜜，并随着食物储存的位置而移动。

蜂团靠代谢产热来维持巢内温度。

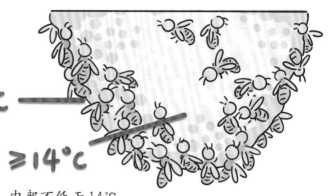

6～10℃

一般蜂团表面的温度会维持在6～10℃。

≥14℃

内部不低于14℃。

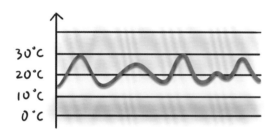

当温度降低时，蜜蜂便开始活动并产生热量，使内部温度上升到24～30℃，随后温度慢慢下降，往复调节。

蜂王通常在越冬后期，2月下旬至3月初开始产卵，蜂团内部温度升到32℃以上，这些宝宝将成为今年的第一群蜜蜂。

奇奇怪怪的想法
——冬天的蜜蜂光吃不拉？

蜜蜂一冬天都不拉粑粑，粪便会一直积存在直肠中。

春天快来吧，再也憋不住了。

四、蜜蜂族谱

你是一只怎样的虫？

从生物学的角度上说，蜜蜂属于节肢动物门、昆虫纲、膜翅目、细腰亚目、针尾部、蜜蜂总科、蜜蜂科、蜜蜂亚科、蜜蜂属。

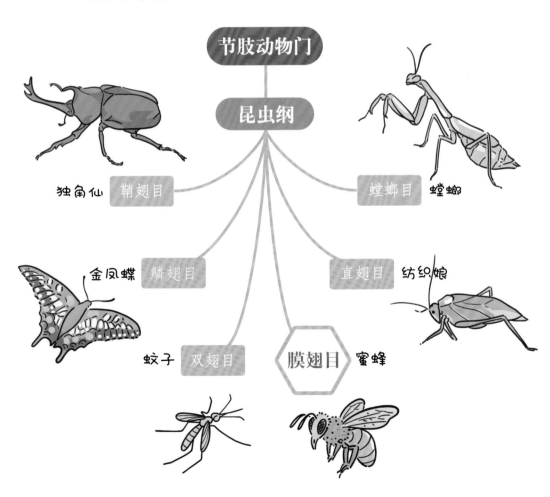

蜂类的九大家族

目前学术界公认的蜜蜂属现存种类有9个，
每一种蜜蜂都有各自不同的特点。

遍及亚洲的蜜蜂

——东方蜜蜂

最灵活的蜜蜂

——黑色小蜜蜂

适应性最强的蜜蜂

——西方蜜蜂

最具观赏性的蜜蜂

——沙巴蜂

最具攻击性的蜜蜂

——大蜜蜂

东南亚土著

——苏拉威西蜂

——绿努蜂

体型最大的蜜蜂

——黑色大蜜蜂

最耐热的蜜蜂

——小蜜蜂

遍及亚洲：
东方蜜蜂

适应能力很强，分布广泛。营穴内筑巢、多巢脾。

中华蜜蜂中国独有，又称中蜂、中华蜂、土蜂，是东方蜜蜂的一个品种。

主要分布于南亚及东亚，耐寒性强。

东方

西方

原产于欧洲、非洲和中东地区，由于欧洲移民和商业交往，现已引入世界各地，成为主要饲养的蜂种，是目前研究最多的蜜蜂蜂种，种内变异也是最为复杂的。

意大利蜂是西方蜜蜂的一个品种，简称意蜂。

一般穴内营巢，巢房多脾，能适应各种不同的气候环境，从寒温带到热带，从湿地到半干旱地。

适应性最强：
西方蜜蜂

最具攻击性：大蜜蜂

主要分布于印度、斯里兰卡、尼泊尔、中国云南、泰国、缅甸、老挝、柬埔寨、越南、马来西亚和菲律宾岛屿等国家和地区，体大喙长，是砂仁等热带经济作物的理想授粉昆虫。

大蜜蜂俗称排蜂

每年每群可割30～40千克的蜂蜜。

体型最大：黑色大蜜蜂

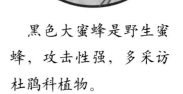

别名岩蜂、喜马拉雅排蜂、雪山蜜蜂。在我国分布于喜马拉雅山南麓，西藏南部，云南横断山脉的怒江、澜沧江、金沙江流域；国外分布于尼泊尔、不丹、印度北部、缅甸北部及越南北部。每年可割蜜20～40千克。

黑色大蜜蜂是野生蜜蜂，攻击性强，多采访杜鹃科植物。

广泛分布于南亚低海拔地区，筑巢于丛林的小树干或树枝上，露天、单脾，能够在非常热和干燥的气候条件下生存。在所有蜜蜂种中，小蜜蜂的工蜂和蜂王之间的体型差异是最大的。

最耐热：
小蜜蜂

据不完全统计，小蜜蜂可以在100多种植物上采蜜，每年每群可采1千克左右。

最灵活：
黑色小蜜蜂

在我国分布于云南省西双版纳傣族自治州景洪、勐腊及临沧地区的沧源、耿马；国外分布于泰国、缅甸、老挝、柬埔寨、越南和马来西亚。体小灵活，是热带经济作物的重要传粉昆虫。

黑色小蜜蜂别名小排蜂。
每群每次可采蜜0.8千克，每年可采收1～2次。

别名红色蜜蜂,分布于加里曼丹岛,该岛北部属马来西亚的沙巴州、沙捞越州和文莱,南部属印度尼西亚,是可可、洋桃等热带经济作物理想的传粉昆虫。

活筐饲养每年可取蜜3～5千克。

苏拉威西蜂
和
绿努蜂

两种蜜蜂都是当地的传粉昆虫,"土著"蜜蜂。

苏拉威西蜂

分布于印度尼西亚的苏拉威西群岛和菲律宾。已部分驯养为饲养蜂种,可取蜜。

绿努蜂

仅发现于东马来西亚的基纳巴卢山区。可以驯养为饲养蜂种。

中国蜜蜂的种类和分布

我国地域辽阔，蜜蜂种类也很多，东方蜜蜂、西方蜜蜂、大蜜蜂、小蜜蜂、黑大蜜蜂和黑小蜜蜂这6种在我国境内均有分布。

另外三种蜜蜂在境外多见。

在九种蜜蜂中，

东方蜜蜂 和 西方蜜蜂

都能生产出

大量商品蜜！

小身体有小个性

守规矩的西方蜜蜂　　散漫的东方蜜蜂

西方蜜蜂是人类驯养最成功的蜜蜂，东方蜜蜂稍逊一筹，在某些生物学特性方面仍保有很强的野性。

大蜜蜂、黑大蜜蜂、小蜜蜂和黑小蜜蜂还是野生状态，对当地的生态环境起到了不可或缺的作用。

境外的沙巴蜂、苏拉威西蜂和绿努蜂仍处于人类的驯养中。

蜜蜂是社会性昆虫

蜜蜂是一种社会性昆虫，也就是我们通常所理解的"群居"生物。离开集体的单只蜜蜂很难生存，他们有一套精心策划的劳动分工，复杂又高效。

例如，

工蜂的任务会在

  巢房清理、

  幼虫饲喂、

  服侍蜂王、

  巢脾建造、

  食物采集之间自动切换。

  作为采集蜂时，工蜂也不是根据自己的需要采集食物，而是根据蜂群的需要采集食物。

  当面对威胁时，工蜂会采用群体防御策略来保护蜂巢不受入侵者伤害，甚至牺牲自己的生命。

五、保护小蜜蜂

蜜蜂的生存空间去哪了

当你走到户外时会发现，有蜂类生活的地方，总会充满生机和活力。

蜜蜂需要农田之外的野生区域，大片丰饶多样的栖息地，不同品种的鲜花在不同的月份相继开放，才能保证他们有持续不断的食物。

当原野消失～～～

当传统农牧场的灌木丛和混合作物被单一作物取代；
当大片自然栖息地被开垦成超大型的农业用地，
未被开垦的土地减少……

蜜蜂就会在某些月份因找不到花
朵而挨饿，甚至导致蜂群全军覆没。

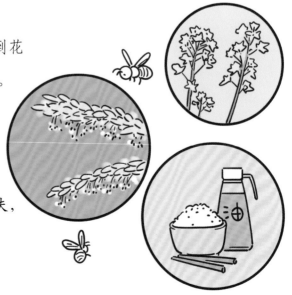

人类可以不吃蜂蜜，
但是如果蜜蜂全部消失，
没有蜜蜂授粉，
粮食将会减产，
人类将会挨饿。

农田里的隐形杀手

全球大量农作物和野生植物，依赖蜜蜂、蝴蝶等昆虫授粉。

其中，蜜蜂是植物最好的朋友，蜜蜂负责散播花粉，花朵负责喂养蜜蜂。

但是，当人类在农业种植过程中过度使用杀虫剂时，蜜蜂就会被杀虫剂无差别地伤害到。

蜜蜂无法识别杀虫剂，当他们误入毒网时感受器官会受损，他们将永远无法回家。

蜜蜂需要人类，还是人类需要蜜蜂

很久很久以前，蜂蜜是人类能找到的最甜美的食物，它能提供大量的热量，蜂巢里的幼虫和花粉还能提供蛋白质和各种微量元素。

于是，人类开始养殖蜜蜂，收取多余的蜂蜜补充糖分。

在蜜蜂养殖业里，看起来好像是人类在照顾蜜蜂，但是，蜂群真的需要我们照顾吗？

假如没有人类，在地球上存在了上亿年的蜜蜂会消失吗？

蜜蜂和花朵一样，终将随风而逝，但他们度过了丰饶美丽的一生。

他们在短短的一生里，为几万朵花授粉，飞行了几千公里，和姐妹们一起制造甜美的蜂蜜，将美好的一生献给了大地和天空母亲。

尾声……

所有生物都是相互依存的，谁也离不开谁。

小蜜蜂是花朵的好朋友，也是人类的好朋友。

这些奇怪的孩子来干什么？

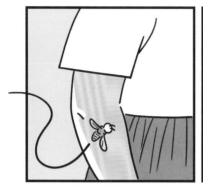
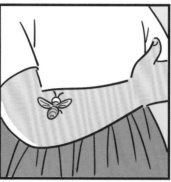

爱蜜蜂
爱自己